BEI GRIN MACHT SICH IHR WISSEN BEZAHLT

- Wir veröffentlichen Ihre Hausarbeit,
  Bachelor- und Masterarbeit

- Ihr eigenes eBook und Buch -
  weltweit in allen wichtigen Shops

- Verdienen Sie an jedem Verkauf

Jetzt bei www.GRIN.com hochladen
und kostenlos publizieren

Annette Köhler

Regionale Hydrologie des Nahen Ostens

Jordan und Totes Meer, Euphrat und Tigris

GRIN Verlag

Bibliografische Information der Deutschen Nationalbibliothek:

Die Deutsche Bibliothek verzeichnet diese Publikation in der Deutschen National-
bibliografie; detaillierte bibliografische Daten sind im Internet über http://dnb.d-
nb.de/ abrufbar.

Impressum:

Copyright © 2008 GRIN Verlag GmbH
Druck und Bindung: Books on Demand GmbH, Norderstedt Germany
ISBN: 978-3-640-12594-4

Dieses Buch bei GRIN:

http://www.grin.com/de/e-book/94006/regionale-hydrologie-des-nahen-ostens

Hausarbeit

Regionale Hydrologie:

Der Jordan und das Tote Meer, Euphrat und Tigris

Abgabedatum: 11.06.08

Vorgelegt von Annette Köhler

Gliederung

Abbildungsverzeichnis

1. Einleitung

Die Kenntnis über die Hydrologie der größten Ströme im Nahen Osten spielt für die Region eine wichtige Rolle. Wasser ist in diesem Steppen- bis wüstenähnlichem Landschaftsraum eine knappe und kostbare Ressource. Die Lehre von Erscheinungsformen des Wassers auf, über und unter der Erdoberfläche vermag Rückschlüsse auf von vergangenen Hochkulturen anwandte Wassernutzung, die Veränderung des Wasserregimes und Methoden für einen zukünftig nachhaltigen Umgang mit dem lebenswichtigen Medium zu geben.

Die Grundlagen der Hydrologie werden von den beteiligten naturräumlichen Komponenten wie Relief, Klima, Böden und Gestein sowie in jüngerer geologischer Zeit durch den Eingriff des Menschen in das System des Wasserkreislaufes gebildet. Je nach dem Zusammenwirken der Faktoren bildet sich ein regional spezifisches Gleichgewicht des hydrologischen Systems aus. Das Wasser ist auf der Erde und ihrer Atmosphäre in einen Kreislauf gebunden und wandelt sich innerhalb diesem in verschiedene Aggregatzustände, Qualitäten und Mengenverteilungen. In der vorliegenden Arbeit soll der Weg des Wassers auf dem Gebiet des Nahen Ostens und dort speziell im Ausschnitt des Jordans und Toten Meeres, sowie Euphrat und Tigris betrachtet werden.

2. Regionaler Überblick

2.1 Grundlagen Hydrologie

Zur Einführung in die Besonderheiten der Region ist es wichtig sich vorab die Grundlagen der Hydrologie allgemein vor Auge zu führen, um anschließend die regional spezifischen Ausprägungen zu erkennen.

Der Weg des Wassers in der Atmosphäre, also ehe es die Erdoberfläche berührt, wird vorwiegend in den klimatischen Prozessen erklärt. Sobald es Kontakt mit der Erde hat, in den Boden infiltriert und dem Grundwasser zufließt oder oberflächlich abfließt und in gesammelten Abflussrinnen Flüsse ausbildet, gehört es in den Erklärungsbereich der Hydrologie. Die Faktoren Niederschlag, Relief, Bodenbeschaffenheit, Vegetation und Nutzung spielen hierbei die entscheidende Rolle auf die Bewegung des Wassers (HERRMANN 1977:27).

Auf ausgewählte räumliche Gebiete bezogen ist der Wasserkreislauf stark von den naturräumlichen Gegebenheiten abhängig. Die Grenze eines hydrologischen Systems bildet stets die Wasserscheide.

Davon ausgehend kann man das Einzugsgebiet bestimmen, aus dem das Wasser auf natürliche Weise entsprechend des Gefälles hineinfließt und weiter abwärtsfließend folgen kann. Nun gibt es einen oberirdisch in günstigen Reliefstrukturen abfließenden Teil des Wassers und einen unterirdisch als Grundwasser verbleibenden Teil. Als Rücklage gilt der im Boden verbliebene Anteil. Neben den beiden genannten Hauptabflussformen gibt es noch den

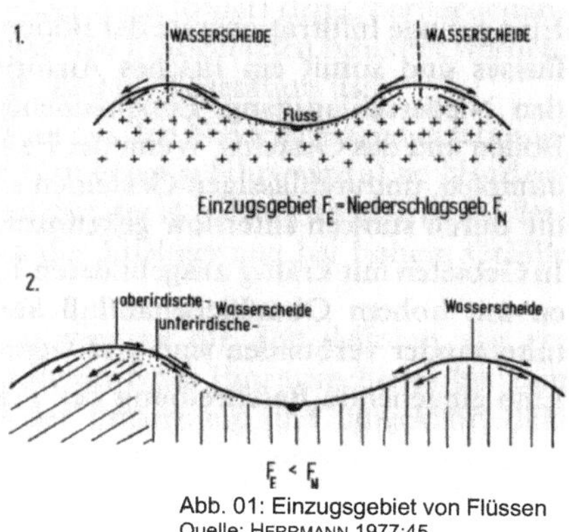

Abb. 01: Einzugsgebiet von Flüssen
Quelle: HERRMANN 1977:45

Interflow, welcher infiltriertes Wasser oberflächennah hangabwärts transportiert und am Unterhang austreten lässt oder direkt im Flussbett dem oberirdischen Abfluss beitritt (HERRMANN 1977:44).

In einem ariden Gebiet wie dem Nahen Osten müsste der Oberflächenabfluss durch die Trockenheit der Böden überwiegen. Denn wenn die Niederschlagsintensität höher ist als die momentane Infiltrationsrate, erhöht sich der oberflächlich abfließende, nicht versickernde Anteil enorm, da der sommerlich ausgetrocknete Boden nicht so schnell Wasser aufnehmen kann. Ein astförmiges Netz von Abflussrinnen bildet sich aus, welche durch Erosion zu kleinen bis größeren Tälern ausgeformt werden (BOESCH 1960:58). Da es jedoch im Winter einen relativ konstanten leichten Niederschlag gibt, sind nicht alle Böden oberflächlich ausgetrocknet und können die fallenden Wassermengen aufnehmen und ins Grundwasser weiterleiten. Zudem ist das kalkreiche Untergrundgestein stark durchlässig und speziell die Karstformen bieten einen guten unterirdischen Wasserleiter.

2.2 Naturräumliche Einführung

Für die Wasserbewegung im Boden des Ausbreitungsgebietes von Jordan, Euphrat und Tigris ist der kalkige Untergrund mit den Karstformen ein typisches Merkmal, da es zu einem schnellen unterirdischen Abfluss des eingedrungenen Wassers führt und als Speichergestein eine gewisse Grundwassersicherung in einem Gebiet darstellt, dass oberflächlich nicht ausreichend mit Wasser versorgt ist.

Das Relief reicht in seiner Vielfalt von weit herausgehobenen Gebirgszügen mit starkem Gefälle und Transportkraft für das Wasser bis hin zu seicht auslaufenden weiten Ebenen, durch das sich die Gewässer um ihre eigenen Ablagerungen in immer neuen Wegen hindurcharbeiten müssen. Der Mensch versucht zudem die Wassermassen unter Kontrolle zu bekommen und für sich zu nutzen. Hierfür nutzt er viele natürliche Senken, um die Flussläufe zu stauen. Zudem wird durch das Wissen um die Hauptniederschlagszeit und Schneeschmelze im Frühjahr, sowie der über das Jahr verteilten Starkregen versucht, Schäden durch die jahreszeitlich einsetzenden Hochfluten zu minimieren.

Die Struktur des Flussnetzes steht in einer ungewöhnlichen Beziehung zur herrschenden Topographie. Die Ausprägung des Flussnetzes zeigt nämlich eine noch junge tektonische Aktivität in dem Gebiet des Nahen Ostens. Im Inneren der Gebirge laufen die Flüsse in Anpassung an die geologische Struktur in den Faltenmulden, was darauf hinweist, dass sich das Flussnetz während oder nach der Auffaltung in dieser Weise ausgeprägt hat. Jedoch die dem Tigris zuströmenden Flüsse queren die langgestreckten Faltenzüge des irakischen Gebirgslandes, welches sich nach Südwesten gegen den Tigris hin in eine langsam abfallende Ebene wandelt, ohne große Abweichungen. Hier war das Flussnetz eindeutig vor der Auffaltung schon ausgeprägt und tieft sich nun, anstatt neue relieforientierte Abflussbahnen zu suchen, weiter mit dem gewohnten Flussbett in das sich hebende Gebirge ein (BOESCH 1960:20).

3. Fluss Jordan

Der Fluss wird auch als Nahar Ha Yarden bezeichnet, was sinngemäß „der herabsteigende Fluss" bedeutet. Es wird davon hergeleitet, dass er von seinem Hauptquellfluss Dan speisen lässt um weiter ins Land hinein zu fließen, was sich auch in der hebräischen Bedeutung „Jored Dan" widerspiegelt.

3.1 Herausbildung und Entwicklung

Entstehung

Der Fluss entsteht aus drei Quellflüssen, die ihren Ursprung in einem Karstgebiet haben und sich in der Hule- Ebene vereinigen. Von da aus verläuft er in dem sogenannten Jordan-Grabenbruch, der sich als nördlicher Ausläufer vom Ostafrikanischen Grabenbruch von der Hauptspannungszone über die Achse Totes Meer- Jordangraben- Syrische Senke verzweigt. Der Jordan folgte als Überlauf des ehemals bis an den See Genezareth (See Tiberias) reichenden Toten Meeres auf seinem Rückzug. Durch das schrumpfende Meer in das er letztlich mündet, wird er immer weiter in die Länge gezogen und hat sich in die am ehemaligen Grund des Meeres abgelagerten salzhaltigen Mergelschichten eingeschnitten (BOESCH 1960:18). Sie sind das Ergebnis der durch erhöhte Evaporation des Meerwassers ausfallenden Calcitverbindungen. Zudem sind die Böden in einem solchen ariden Gebiet, in welchem die Verdunstung wesentlich höher ist als der Niederschlag, einer umgekehrten Wasserbewegung im Untergrund ausgesetzt. Die Bodenwasserbewegung ist aufwärtsgerichtet, dass heißt, das eingedrungene Wasser sickert nicht wie in den gemäßigten Breiten der Schwerekraft folgend nach unten dem Grundwasser zu, sonder ein Großteil steigt von der Saugwirkung der bodennahen Luftschichten angezogen auf, indem es dem erzeugten Wasserdampfgefälle entgegen der Erdanziehung folgt. Dabei werden die im Boden enthaltenen Salze herausgelöst und mit transportiert. Die konzentrierten Austrittsstellen solcher salzhaltigen Wässer nennt man Sohlen. Es gibt aber in den humiden bis semiariden Gebirgsregionen noch genügend abwärtsgerichtete Bodenwasserbewegung, die letztendlich das Grundwasser speist (STEWIG 1977:54).

Auswirkungen der Geologie

Geowissenschaftliche Forscher des GFZ Potsdam haben zusammen mit Kollegen aus Jordanien, Israel und Palästina die Bruchzone entlang des Jordangrabens bis in 100 Kilometer Tiefe nachgewiesen. Die Transformstörung zieht sich als Ausläufer des Afrikanischen Grabenbruchs vom Roten Meer im Süden bis ins türkische Taurusgebirge im Norden und grenzt somit die Arabische Platte im Osten von der Afrikanischen Platte ab. Während der letzten 20 Millionen Jahre wurde ein horizontaler Versatz von 105 Kilometern nachgewiesen, bei dem jedoch immer nur eine 20 Kilometer lange Hauptdeformationszone intensiv beansprucht wurde. Rezent bewegen sich die Platten etwa vier Millimeter pro Jahr aneinander vorbei. Die tiefer liegenden Bereiche der tektonischen Naht gleiten relativ ruhig aneinander vorbei, weisen jedoch von Zeit zu Zeit zunehmende Magmenaktivität auf. In den oberflächennahen Teilen hingegen lösen sich die zwischen den Gesteinspaketen angestauten Spannungen der Lithosphäre oft als Erdbeben (OSSING 2003). Die bis in die heutige Zeit anhaltende tektonische Beanspruchung der Grabenregion, hat hohen Einfluss auf die Entwicklung des Flusssystems. Die Gesteinsschichten des umgebenden Gebietes und der Graben selbst weisen viele vertikale Störungen auf, aus denen salzhaltige Lösungswasser aufsteigen, in Sohlen an der Erdoberfläche austreten oder mit dem unterirdischen Abfluss in den leitenden Gesteinsschichten mitgeführt werden. Zur Folge hat dies einen im Unterlauf des Jordans zunehmenden Salzgehaltes durch die Zuflüsse von salzhaltigem Wasser aus den Gesteinsschichten oder Nebenflüssen. Bereits im nördlich gelegenen See Genezareth kann eine Zweischichtung des stehenden Gewässers beobachtet werden. Über dem frischen Süßwasser der Oberfläche reichert sich das schwerere salzhaltige Wasser an. Durch das Wasserauslasssystem des Sees wird überwiegend das Wasser vom Grund des Sees in den Jordan eingeleitet, was den Salzgehalt des Flusses an dieser Stelle enorm erhöht. 2004 wurde bei Jericho ein Salzanteil von 11,1 g/l gemessen (BAUMANN 2000:155).

3.2 Flusslauf und Fakten

Der Jordan ist der tiefst gelegenste Fluss der Erde. Er überwindet zwischen seinem Ursprungsgebiet, der Hual- Ebene, wo sich seine drei aus dem Hermongebirge entspringenden Quellflüsse Hazbani (Libanon), Dan (Nordisrael und Banyas (nördliche Golanhöhen) zu dem großen Jordanstrom vereinigen und der Mündung in das Tote Meer 800 Höhenmeter. Er durchfließt das Huletal, in den See Genezareth hinein, dann südlich durch den Jordangraben entlang bis zur Mündung in das Tote Meer. Mit einer Tallänge von 252 Kilometern, in welcher er durch seine Mäandrierung eine Strecke von 330 Kilometern zurücklegt, ist der Jordan der größte Fluss Israels. Für die Schifffahrt ist er jedoch zu schmal und zu flach.

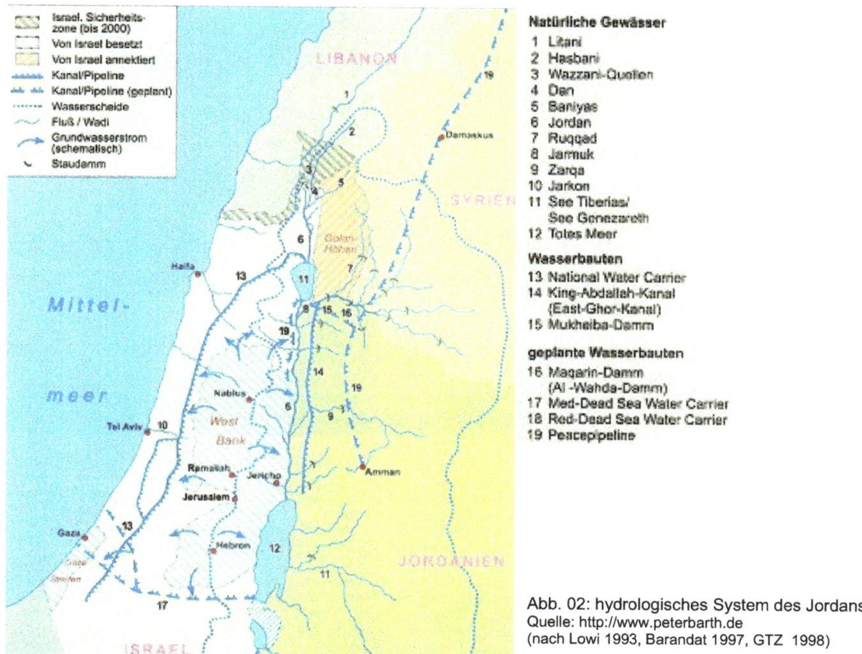

Abb. 02: hydrologisches System des Jordans
Quelle: http://www.peterbarth.de
(nach Lowi 1993, Barandat 1997, GTZ 1998)

Ein von Syrien und Jordanien geplantes und kurz vor der Inbetriebnahme stehendes Wasserkraftwerk mit Stausee am Yarmouk, einer der wichtigsten Zuflüsse des Jordans zwischen Galiläa und dem Toten Meer, ist erneut Streitpunkt zwischen den beteiligten Staaten, Israel und den Umweltschützern geworden, da er für die Betreiberländer eine neue Quelle für Bewässerungs- und Trinkwasser bietet, jedoch den Zufluss von Frischwasser in den ohnehin ausgebeuteten Jordan und damit auch des Toten Meeres weiter herabsetzt.

Einfluss von Stauseen auf das Flusssystem

Die künstlich von Menschenhand angelegten Staudämme können je nach Abflusstechnik zwei verschiedene Veränderungen im natürlichen Regime hervorrufen. Stauseen bei denen das angestaute Wasser am Damm über einen Grundablass abfließt sind Wärmefallen und Nährstoffexporteure für den Fluss, da das warme Oberflächenwasser im See angereichert wird und darunter das kalte am Grund befindliche nährstoffreiche Wasser abfließt. Dies schießt durch den Auflastdruck heraus und treibt somit Turbinen für die Erzeugung von Strom an. Wegen dieser Doppelfunktion als Wasserspeicher und Elektrizitätskraftwerk ist diese Bauform weit verbreitet. Das Gegenteil bilden die den natürlichen Staudämmen ähnlichen Konstruktionen mit einem Überlauf. Das angestaute Wasser tritt an der höchsten Dammstelle über eine Schwelle aus. Das übertretende warme Oberflächenwasser wird in den Fluss geleitet und das Kalte sammelt sich über lange Zeit am Stauseegrund und wird mit den herabsinkenden Nährstoffen angereichert.

3.3 Politische und Religiöse Bedeutung

Politische Bedeutung – Kampf um Wasser

Der Jordan bildet über lange Distanzen die Grenzlinie zwischen Israel und Jordanien und somit ist sein Wasser und dessen Nutzung ein ständiger Konfliktpunkt für die Anrainerstaaten.

Hier ist die politische Bedeutung des Grenzflusses nicht zu unterschätzen, da die angrenzenden Staaten wie Libanon, Syrien, mit den israelisch besetzten Golanhöhen, Jordanien, das Westjordanland und Israel bereits vertraglich geregelte Ansprüche auf ihre Wasserversorgung aus dem Fluss und dem See Genezareth haben. Besonders prekär gestaltet sich die Einigung auf neue Stauprojekte oder Gewässerschutz im nördlichen Teil des Sees, wo die Grenze von Israel und den zu syrischem Staatsgebiet gehörenden aber von Israelis besetzten Golanhöhen zusammenläuft. Israel und Jordanien haben den Hauptanspruch auf die Süßwasserquelle für die Trinkwasserversorgung der Siedlungen und die Bewässerung der Landwirtschaft, die besonders in der Negev- Wüste intensiv betrieben wird. Der Jordan führt pro Jahr 1200 Mill. m^3 Wasser, von denen allein Israel mit seinem Hauptanspruch auf das Wasserreservoir des Sees Genezareth 500 Mill. m^3 aus ihm entnimmt (Israel Ministry of Foreign Affairs). Weitere Anteile der Wassernutzung entfallen auf den Terrassenfeldbau mit direkter Bewässerung entlang eines schmalen Streifens beidseitig des Flussbettes. Hier ist der Fluss besonders tief eingeschnitten und mäandriert stark, weiterhin stellen die bislang schlecht entsalzten Böden ebenfalls ungünstige Bedingungen dar (BOESCH 1960:138). Alle angrenzenden Staaten bestehen auf ihr Recht und ihren Anteil an der Wassernutzung, doch für die Folgen der ständigen Wasserentnahme sieht sich kaum einer verantwortlich. Dabei ist dies die Ursache für das stets beklagt Problem der Wasserspiegelsenkung im See Genezareth und letztendlich auch der Austrocknung des Toten Meeres.

Abb. 03: Jordan als Grenzfluss
Quelle: http://upload.wikimedia.org

Religiöse Bedeutung

Entsprechend der unterschiedlichen Glaubensanhänger, die ihren Ursprung an den Ufern des Jordan zu denken wissen, hat der Fluss unterschiedlichste Bedeutungen bekommen. Speziell die Juden sehen ihn als Eingang in ihr Heimatland. Mit dem Überschreiten seines Ufers sind die Stämme Israels (von Jericho) unter Josua nach dem Auszug aus Ägypten, langer Exilzeit und Wüstenwanderung heimgekehrt. Eine Auslegung der Bibel besagt sogar, dass das Wasser auf wundersame Weise aufhörte zu fließen und die Israeliten in das Gelobte Land eintreten ließ (HaGalil).

Für die Christen hat der Fluss insofern eine Bedeutung, als dass ihr Jesus am Jordanufer von Johannes getauft worden sein soll.

Im Volksglauben und der Mythologie hat sich der Fluss unter der Redewendung „über den Jordan gehen" einen Namen gemacht. Allgemein gesprochen bedeutet es zu sterben, also vom Diesseits ins Jenseits zu gelangen. Da das Jenseits mit dem Paradies gleichgesetzt wird, steht auch hier die positive Bedeutung des Erlösens vom Leid im Vordergrund.

3.4 Klimatische Abhängigkeit

Im Norden ist die Jordan- Senke äußerst fruchtbar, im Süden herrscht dagegen Halbwüste vor, was sich aus der Kleinräumigkeit der Klimatypausprägung ergibt. Allgemein kann man die Region der Mediterranen Csa- Klimazone nach Köppen zuordnen

C: warm bis gemäßigte Klimate (Mindesttemperatur des kältesten Monats zwischen 18°C und -3°C)

s: Trockenzeit im Sommer

a: wärmster Monat über 22°C

Im niederschlagsreichen Huletal, dem nördlichen Teil des Jordanflusslaufes, stellt sich die Regenzeit meist von November bis Mai im milden und feuchten Winter ein. In südlicher Richtung nehmen die Niederschläge generell ab und im Sommer zeichnet sich die Region am Mittel- bis Unterlauf des Flusses durch heißes, trockenes Klima aus.

Dieser Bereich ist dem Steppen- bis Trockensavannenklima zuzuordnen. Es nimmt eine Zwischenstellung des angrenzenden Wüstenklimas und des nördlichen humideren Klimas ein. Der Klimatyp wird nach Köppen als BSh- bis BWh-Zone beschrieben (STRAHLER, STRAHLER 2005:188).

B: Trockenklimate

S: Steppe

W: Wüste

h: trocken und heiß (mittlere Jahrestemperatur über 18°C)

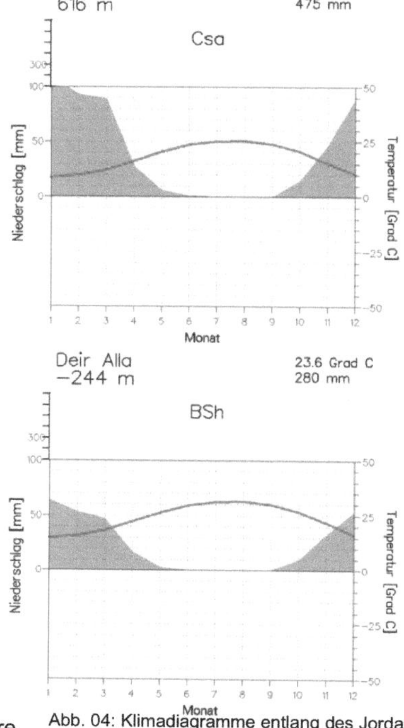

Abb. 04: Klimadiagramme entlang des Jordans (oben: Irbid, unten: Deir Alla) Quelle: http://www.klimadiagramme.de

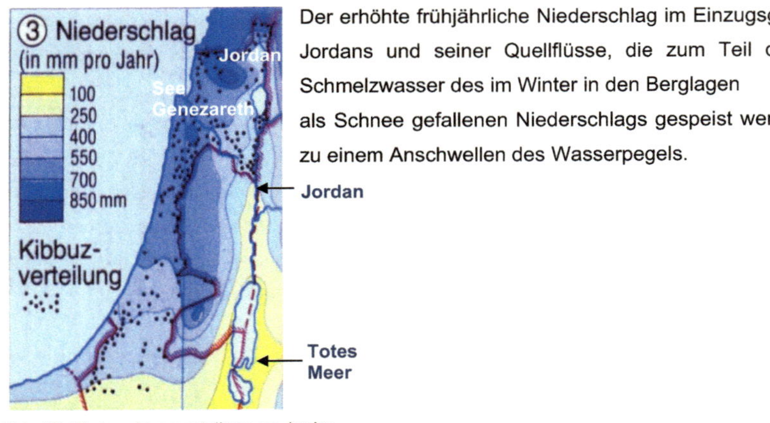

Abb. 05: Niederschlagsverteilung am Jordan
Quelle: Diercke Atlas 1992:159

Der erhöhte frühjährliche Niederschlag im Einzugsgebiet des Jordans und seiner Quellflüsse, die zum Teil durch das Schmelzwasser des im Winter in den Berglagen

als Schnee gefallenen Niederschlags gespeist werden, führt zu einem Anschwellen des Wasserpegels.

4. Totes Meer

Auf Arabisch nennt man dieses salzhaltigste Gewässer der Erde „Al-Bahr al-Mayyit", das Meer des Todes. Dieser Name ist zwar für die normalen Meerwasserbewohner zwecks der unwirtlichen Bedingungen treffend, dennoch ist dieses Gewässer nicht ohne Leben, denn es gibt eine Reihe von halophilen Spezialisten, die diese ökologischen Nischenplätze besetzen.

4.1 Entstehung

Allgemeines zu Lage und Ausdehnung

Das Tote Meer hat momentan eine Größe von 600 km^2 mit einem Wasservolumen von circa 130 Milliarden m^3, mit einer seit 30 Jahren stets abnehmenden Tendenz. Die tiefste Stelle des Meeresgrundes, die sogenannte Kryptodepression, liegt bei 794 Metern unter dem Meeresspiegel. Der Wasserspiegel des Toten Meeres hat sich bei 417 Metern unter NN eingepegelt, womit ist es der tiefst gelegenste See der Erde ist. Das Binnengewässer erstreckt sich über eine Länge von aktuell 55 Kilometern und eine Breite von 16 Kilometern in einer geologischen Senke im Jordangraben, dem nördlichen Ausläufer des Afrikanischen Grabenbruchs, auf israelischem, westjordanischem und jordanischem Staatsgebiet. Bei etwa 31° nördlicher Breite und 35° östlicher Länge liegt es eingebettet in wüstenartige Umgebung. Auf der Ostseite liegt die Hochebene von Moabit mit bis zu 1 340 Meter hohen Bergen, auf der Westseite erhebt sich die etwa halb so hohe Hochebene von Judäa. Der Jordan ist, neben weiteren 28 wenig bis episodisch wasserführenden Füssen, der Hauptzufluss des abflusslosen Endsees. Genau dieser Aspekt der Abflusslosigkeit des Binnengewässers hat es zu einem wichtigen Klimaarchiv gemacht, in dem es sich im Laufe der Zeit zu einem Endlager für Mineralien, Sedimenten, Gesteinsresten und Pollen entwickelt hat (LOHMANN 2002). Anstatt eines stetigen Wasseranstiegs, wie man es von gewöhnlichen Stauseen kennt, hat das Gewässer mit der Austrocknung zu kämpfen. Durch das trockene Wüstenklima verdunstet das eingetragene Frischwasser fast zu gleichen Teilen. Daran haben unter anderem die abnehmende Wassermenge des Jordans und deren Qualität einen Anteil. Zudem ist das Wasser des Toten Meeres durch die von den Zuflüssen eingetragenen Mergel und Tone leicht ölig. Die gelösten Stoffe fallen aus und es bilden sich Salz- und Mineralienablagerungen, anhand deren

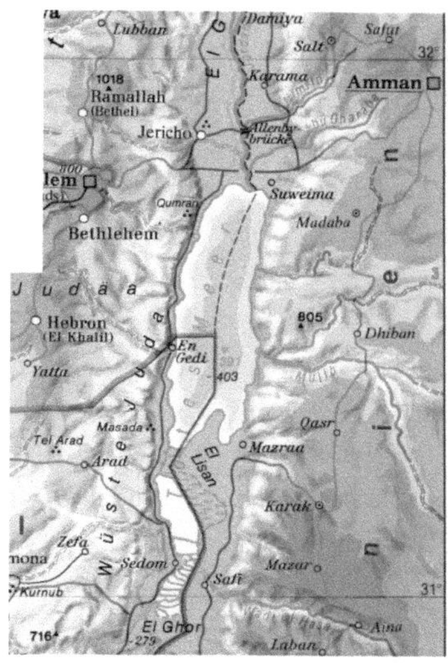

Abb. 06: Totes Meer und Umgebung
Quelle: Diercke Atlas 1992:159

man aus über 18.000 Jahre alten Warven in der aktuellen geowissenschaftlichen Forschung Klimarekonstruktionen vornimmt. Das Wasser hat mit einem Salzgehalt von 30%, was einem Anteil von 340 Gramm Salz pro Liter entspricht, einen enorm hohen Wert gegenüber den durchschnittlichen 4% von normalem Meerwasser. Auch die Mineralzusammensetzung der Salze des Toten Meeres unterscheidet sich deutlich. Von den wasserfreien Salzen enthält es ungefähr 50,8 % Magnesiumchlorid, 14,4 % Calciumchlorid, 30,4 % Natriumchlorid und 4,4 % Kaliumchlorid. Der Anteil an Bromid liegt weit über dem von Sulfat, weshalb am Toten Meer überwiegend Kali,- Brom- u. Magnesiumsalze gewonnen werden (BAUMANN 2000:390). Die vom Ostufer in den See hineinreichende Halbinsel Lisan und viele feste Salzablagerungen teilen den Salzsee in das größere nördliche Becken und ein sehr seichtes Becken im Süden, welches zu verlanden droht. Der Wasserspiegel des Toten Meeres hat sich momentan auf circa 417 Meter unter dem Meeresspiegel eingepegelt, sinkt aber laut Wissenschaftlern des Geological Survey of Israel und der Umweltschutzorganisation Friends of the Earth Middle East (FoEME) pro Jahr um einen Meter. Speziell innerhalb der letzten 20 Jahre soll das einstmals gewaltige Binnenmeer ein Drittel seiner Oberflächenausdehnung verloren haben (LOHMANN 2002).

Genese

Das zu größten Flächenanteilen in Jordanien und Israel liegende Meer ist durch die Wasseransammlung in einer großflächigen Senke während der feuchten Quartärzeit entstanden. Während des Quartärs erstreckte sich das Tote Meer bis zum heute nördlich gelegenen See Genezareth, welcher demnach einen Restsee dessen darstellt. (BOESCH 1960:138).

Die geologische Entstehung begann vor circa 1,5 Millionen Jahren, als das Tethysmeer noch die heutige Region vollständig bedeckte. Erdbeben erschütterten stark den Untergrund und hoben ehemalige Meeresbodenteile an tektonischen Schwächezonen empor, sodass sich das junge Jordan- Rift- Valley durch ein Auseinanderdriften der afrikanischen und arabischen Lithosphäreplatten erweiterte. In der natürlich gebildeten Senke sammelte sich während der

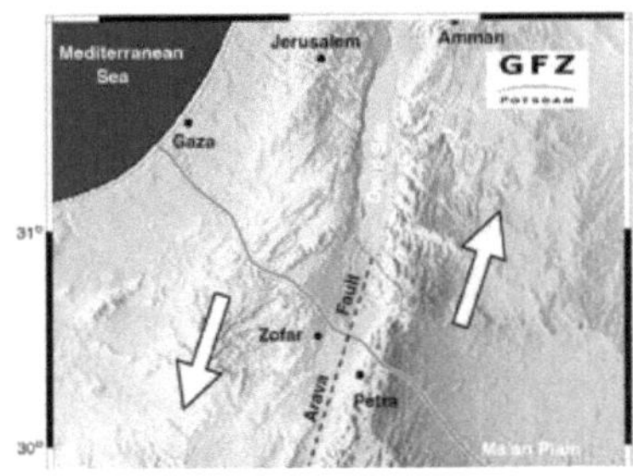

Abb. 07: nördlicher Ausläufer des Afrikanischen Grabenbruchs (Jordangraben) Quelle: http://www.innovations-report.de

niederschlagsreichen Folgezeit viel Wasser. Eine Reihe von entstehenden und wieder vergehenden Seen wurde für die Region rekonstruiert, die sich stets mit den rasch veränderlichen geologischen und klimatischen Bedingungen entwickelten. Das letzte große nachgewiesene Gewässer war der Lake Lisan, der sich vom Arava-Valley im Süden bis zum heutigen See Genezareth erstreckte. Dieses Gewässer begann auch etwa bei 15.000 bis 12.000 Jahren vor heute zu verlanden und hinterließ das heute weiterhin austrocknende Tote Meer im Süden und den nördlich dazu liegenden See Genezareth (LOHMANN 2002).

4.2 Zusammenspiel von Klima und Geologie

Das Klima am Toten Meer entspricht dem der Steppen- und Trockensavanne der Jordanumgebung. Wie in der Abbildung 5 auf Seite 9 zu sehen, ist es jedoch noch trockener durch die Entfernung zu den niederschlagsreichen Gebieten im Norden, die der Jordan anfangs durchfließt. In dem umgebenden wüstenartigen Klima mit einem durchschnittlichen Jahresniederschlag von 25 – 50 mm ist es überwiegend trocken und heiß.

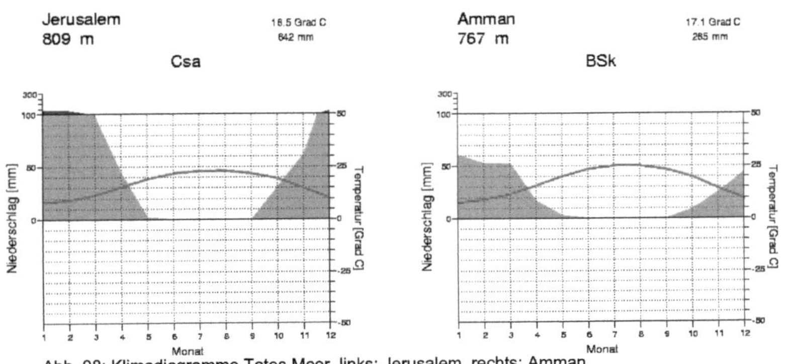

Abb. 08: Klimadiagramme Totes Meer, links: Jerusalem, rechts: Amman
Quelle: http://www.klimadiagramme.de

Direkt über dem Binnengewässer und den umgebenden Uferbereichen hat sich jedoch ein spezielles Mikroklima eingestellt, dass Untersuchungen zu folge nur durch die außergewöhnliche Lage tief unter dem Meeresspiegel und der mineralischen Zusammensetzung des Salzwassers entstehen konnte. Das Wasser mit seinem hohen Anteil an Mineralstoffen verdunstet bei den herrschenden hohen Temperaturen schnell und reichert die Luft mit Bromiden an. Diese ist durch die Lage von 417 Metern unter dem Meeresspiegel außerdem sauerstoffreicher. Es bildet sich eine Dunstglocke über der Senke, in welcher der Ozongehalt in den oberen Schichten sehr hohe Werte annimmt und somit trotz der sengenden Sonne die schädliche UV- Strahlung absorbiert.

Im nördlichen Bereich des Toten Meeres ist der Niederschlag in den Wintermonaten noch ausreichend vorhanden, speziell in den westlich gelegenen Gebieten wie Jerusalem. Östlich des Toten Meeres ist schon ein stark abnehmender Feuchtigkeitsgradient erkennbar, wie in der vorhergehenden Abbildung 8 in Amman zu sehen ist. Im Süden herrscht trockenes Wüstenklima vor. Das für die Region typische Wasserdefizit geht bereits durch die fehlenden Niederschläge im Sommer aus diesen beiden Klimadiagrammen hervor. In diesem ariden Gebiet überwiegt die Verdunstung der Niederschlagsrate, was für ein Gewässer wie das Tote Meer fatale Folgen nach sich zieht. Es ist fast vollständig von der Frischwasserspeisung seiner Zuflüsse abhängig. Diese werden, wie im vorangehenden Kapitel erklärt, zunehmend durch Wasserentnahme reduziert und somit unterliegt der Wasserstand im Endsee einer überwiegenden Evaporation und damit Abnahme. Im Laufe der Entwicklung des Toten Meeres vom vor 18.000 Jahren existierenden Lake Lisan an, ist ein ständiger Austrocknungstrend nachweisbar. Das trockene Wüstenklima und das gestörte Gleichgewicht zwischen Zufluss und Verdunstung verstärken das Defizit und das Meer ist heute stark von einer Austrocknung bedroht. Die schrumpfende Ausdehnung und trockenfallen der Randgebiete kann man an den zurückschreitenden Uferlinien erkennen. Weiterhin wird dem Toten Meer zusätzlich Wasser durch den Menschen für die Salzgewinnung entzogen, wie auf dem nebenstehenden Satellitenbild gut im unteren Becken erkennbar ist, welches auf natürliche Weise durch die Halbinsel Lisan vom Zufluss abgeschnürt wird und für die Salzgewinnung zusätzlich in

Abb. 09: Felder für Salzgewinnung im Südbecken
http://www.g-o.de

kleinen seichten Unterbecken der Austrocknung Preis gegeben wird.

Bei der Verdunstung allgemein ergibt sich die Evaporation aus dem Verhältnis von den Windgeschwindigkeiten rund zwei Meter über der Wasseroberfläche und dem in diesem Zwischenraum befindlichen Dampfdruckgradienten. Das Wärmeverhalten eines Gewässers ändert sich jahreszeitlich durch die wechselnde Einstrahlung der Sonne. Es läuft dem des

Festlandes versetzt hinterher, erreicht aber nie die gleichen Werte aufgrund der unterschiedlichen Wärmeaufnahmefähigkeit- und Leitvermögen von Wasser und Erdoberfläche. Es erwärmt sich langsamer, speichert aber die Wärmeenergie länger. Zudem gibt es in Gewässern wie dem Toten Meer ursprünglich eine Schichtung des warmen sauerstoffarmen Oberflächenwasser über der zwischenliegenden Sprungschicht und dem kalten sauerstoffreichen Tiefenwasser. Diese Schichtung ergibt sich aus dem physikalischen Dichteverhalten von Wasser, welches bei 4°C die höchste Dichte aufweist. Durch die starke Veränderung der natürlichen Parameter des Toten Meeres ist die Schichtung dort gestört und es ist nur noch eine Einteilung in salzwasserführende Schichten und Süßwasserhaltige Schichten, physikalisch durch die höhere Dichte von Salzwasser bedingt, möglich (BOESCH 1960:115).

Das Tote Meer Rift System gilt heute als wichtiges Bindeglied zwischen der alpin-himalayischen Orogenese und der nordanatolischen Verwerfung. Am Grund des Meeres läuft der Jordan- Grabenbruch hindurch. Diese tektonisch aktive Zone steigert durch die thermale Aktivität zusätzlich zum ariden Klima die Verdunstung des Wassers. Das Tote Meer kämpft daher während seiner gesamten Entwicklung mit dem Austrocknen, davon zeugen die mächtigen Ablagerungen von salzhaltigen Mergelschichten am Grund.

4.3 Nutzung und Probleme

Wie schon erwähnt, wird das Tote Meer wegen der speziellen Zusammensetzung an Kali,- Magnesium- und Bromsalzen zur Gewinnung dieser wirtschaftlich genutzt. Diese werden häufig zu mineralischen Badesalzen weiterverarbeitet und nach Europa exportiert. Auch die sogenannte „Naturkosmetik" aus dieser Region erfreut sich guten Absatzes auf den Weltmärkten.

Für die meisten Meeresbewohner ist der hohe Salzanteil nicht kompensierbar und sie meiden das Tote Meer als Lebensraum. Dennoch ist das Gewässer entgegen seinem Namen biologisch nicht tot, sondern bietet ökologischen Spezialisten eine Nische. Daher ist die Artenvielfalt nicht groß, aber die Populationsdichte von seltenen Organismen wie anaerobe Salpeter,- Schwefel- und Cellulose abbauende Mikroorganismen und Bakterien. An größeren Pflanzen findet man Halophyten, die genetisch bedingt eine große Salztoleranz aufweisen und mit entsprechender Anpassung im Stoffwechsel und morphologischem Bauplan in dieser unwirtlichen extremen Umwelt überleben können.

Weiterhin zieht die Besonderheit des salzhaltigen Wassers Touristen an, die den Auftrieb des eigenen Körpers auf dem Salzwasser hautnah erleben möchten. Hier sei jedoch Vorsicht geboten beim Kontakt des Wassers mit den Augen oder an Verletzungen. Salzwasser in der Lunge kann sogar lebensbedrohlich sein. Andererseits ist dem Salzwasser aufgrund der enthaltenen Mineralien eine heilende Wirkung bei Hautkrankheiten wie zum Beispiel

Neurodermitis oder Schuppenflechte nachgewiesen und wird für Kuraufenthalte hoch geschätzt.

Weiterhin hat die nähere Umgebung des Toten Meeres eine große Bedeutung für Gläubige und Pilger, da es von historischen Stätten mit biblischem Hintergrund, wie zum Beispiel Jericho, umgeben ist.

Das weiterhin präsente Thema ist allerdings immer noch die fortschreitende Austrocknung und damit einhergehende Versalzung des Gewässers. Damit sehen auch die Menschen ihre Lebensexistenz bedroht, da sie eben von diesem Wasser abhängig sind. Das Bewusstsein hierfür ist aber noch lange nicht bis in alle Schichten vorgedrungen und es mangelt an Aufklärung und nachhaltigem Umgang mit diesem kostbaren Gut Wasser. Weltweit werden Horrorszenarien ausgerufen, um das Tote Meer vor der angeblichen völligen Austrocknung im Jahre 2050 zu retten (ZAUN 2002).

Eine Reduzierung der Wasserentnahme aus dem Zufluss Jordan und seinem See Genezareth ist problematisch, da sie vertraglich zwischen den Anrainerstaaten geregelt ist. Eines der modellhaften Großprojekte sah vor, das Tote Meer über einen 300 Kilometer langen und fünf Milliarden teuren Kanal mit dem Roten Meer zu verbinden. Die Idee stammt aus einer Studie der beiden Ingenieure Herbert Wendt und Wieland Kelm von 1975, die hauptsächlich die Nutzung des Gefälles für Stromerzeugung analysierten.

Das Röhrensystem wurde für den Zufluss aus dem südlich gelegenen Roten Meer und dem westlich befindlichem Ostmittelmeer modellhaft berechnet. Die kostengünstigere

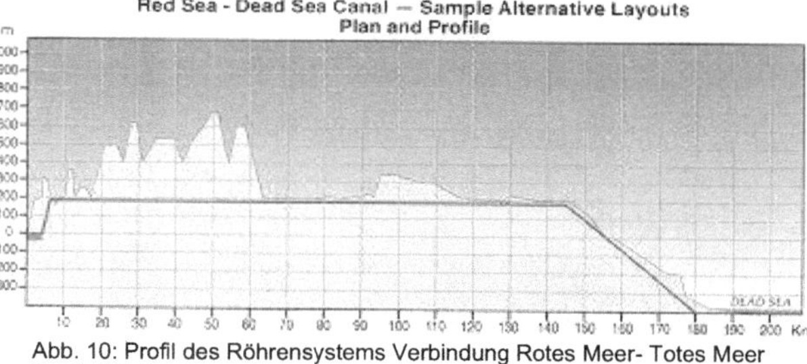

Abb. 10: Profil des Röhrensystems Verbindung Rotes Meer- Totes Meer
Quelle: http://www.american.edu

Alternative stellt die Rote- Meer – Tote- Meer Route dar. Das aus dem Golf von Akaba ins Tote Meer fließende Wasser sollte den Wasserstand sichern und gleichzeitig wegen des Gefälles zur Energieerzeugung genutzt werden. Der abflusslose Endsee würde somit neben seinem natürlichen Frischwasserzulauf des Jordans aus dem Norden noch einen weiteren aus dem Süden bekommen, der jedoch aus Meerwasser besteht. Das Problem der Versalzung ist also weiterhin vorhanden. Trotz Warnungen wissenschaftlicher Studien, die eine großflächige Calciumsulfat Ausfällung (Gipsbildung) durch die Vermischung des calciumhaltigen Wassers des Toten Meeres und des sulfatreichen Wasser aus dem Roten Meer befürchten, haben Jordanien und Israel einen Vertrag geschlossen, mit dem die Durchführbarkeit des ökologisch, technisch und wirtschaftlich günstigsten Projektes geprüft werden soll. Ein weiteres Risiko stellt die Wasserentnahme aus dem Golf von Akaba für die dort ansässigen Korallenriffe dar. Diese bilden ein sehr sensibles Ökosystem, welches nur einen sehr geringen Toleranzbereich in Bezug auf Wassertiefe, Temperatur, Sonnenlichteinstrahlung und Wasserströmung hat. Das Projekt wird von der Weltbank gefördert, da eine weitere Hinauszögerung aufgrund mangelnder finanzieller Mittel der Anrainerstaaten das Ziel des Projektes gefährden könnte.

5. Euphrat und Tigris

Diese beiden allochthonen Flüsse, also sogenannte Fremdlingsflüsse, entspringen in einer anderen meist humiden Quellregion und durchqueren auf ihrer Laufstrecke aride Gebiete, ohne darin zu versiegen.

5.1 Herausbildung und Entwicklung

5.1.1 Euphrat

Der größte Strom Vorderasiens ist circa 2.700 Kilometer lang, ab dem Zusammenfluss seiner Quellflüsse Karasu und Murat bei Keban (Türkei). Zählt man letzteren mit ergibt sich eine Gesamtlänge von 3.380 Kilometern. Er durchfließt Nordost Syrien und das irakische Tiefland und vereinigt sich mit dem Tigris zum Schatt- el- Arab, der letztendlich in den persischen Golf mündet (BAUMANN 2000:421). Auf diesem Weg wird er mehrfach für Bewässerungszwecke und Stromerzeugung, wie zum Beispiel am Atatürkstaudamm bei Urfa/Türkei, gestaut.

Der Euphrat windet sich durch eine Senkungszone, die sich von der Syrischen Senke über das mesopotamische Tiefland bis zum Persischen Golf hinzieht. Auf dieser Laufstrecke hat er sich im Oberlauf in einen Canyon eingeschnitten und tritt erst bei Ramadi in das Tiefland aus (BOESCH 1960:15).

5.1.2 Tigris

Der als „Pfeilschnelle" bezeichnete Fluss in Vorderasien entfließt dem See Hazar Gölü im äußeren Osttaurus und vereinigt sich im Irak mit dem Südwestlich zu ihm fließenden Euphrat. Mit einer Stromlänge von etwa 1.800 Kilometern ist er kürzer als dieser (BAUMANN 2000:380).

Er fließt ruhiger in einem weiten Tal und wird lediglich von seinen Schotterterrassen flankiert. Der Tigris nimmt viele kleine Flüsse aus dem Taurusgebirge in sich auf, die das gleiche hydrologische Verhalten aufweisen, dass heißt die von den gleichen klimatischen

Bedingungen geprägt und von der Schneeschmelze gespeist werden. Dadurch nimmt die im Frühjahr mitgeführte Wassermasse des Hochwassers enorme Werte an (BOESCH 1960:58).

5.2 Flussläufe und Fakten

5.2.1 Euphrat

Entsprechend seiner Länge ist auch das Einzugsgebiet, welches eine Fläche von 267.000 km^2 abdeckt, enorm groß. Jedoch ist die ihm durch die einmündenden Flüsse zukommende Wassermenge nicht einem solchen Größenmaß entsprechend, da außer den beiden Gebirgsflüsse Balikhu und Khabur nur Steppenflüsse oder Wadis Obermesopotamiens (arabisch Dschesirah = „Insel") in ihn münden. Das Hochwasser, welches er im Mai ins Mesopotamische Tiefland bringt ist somit nicht von extremer Gefahr, da zudem stromabwärts ständig eine Wasserabnahme erfolgt und sein Hauptflusslauf sich in viele kleine Nebenarme verzweigt (BOESCH 1960:58).

Der Euphrat wird bereits auf Türkischem Staatsgebiet intensiv zur Wasserversorgung der Menschen und zu Bewässerungszwecken angestaut. So finden sich Flussabwärts die großen Staudämme des Kebanstausees, des Atatürkstausees und des Assadstausees. Auch an dem wichtigsten Zufluss des Euphrat, dem Khabur, wurde ein neuer Staudamm errichtet, der es ermöglicht 50.000 ha neues Bewässerungsland zu versorgen.

5.2.2 Tigris

Das Einzugsgebiet wird ab der Quellregion bis zum letzten einspeisenden Fluss, dem Diyala unterhalb von Bagdad, definiert und erstreckt sich über eine 166.000 km^2 große Fläche.
Beide Flüsse haben sich in den geologischen Untergrund eingeschnitten und Flussterrassen hinterlassen.

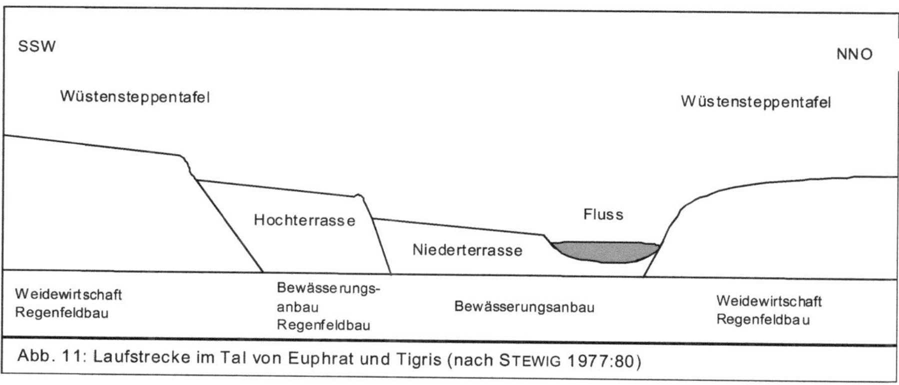

Abb. 11: Laufstrecke im Tal von Euphrat und Tigris (nach STEWIG 1977:80)

Fluvial-dynamische Prozesse

Euphrat und Tigris haben sich in vergangenen geologischen Zeiten unter feuchten Bedingungen und wechselnder Wasserführung in horizontal lagernde, flache Sedimente geschnitten. Innerhalb ihres Abflussgebietes haben sie ihr eigenes Tal (Flussbett) durch Erosion (bei erhöhter Wasserführung und Transportkraft) und Akkumulation (bei geringer Wasserführung und Transportkraft) immer weiter ausgeformt.

Durch diese wechselnden Prozesse entstanden Flussterrassen mit unterschiedlicher Höhenlage (tiefste ist immer geologisch jüngste), welche heute für die Landwirtschaft besonders wichtig sind, da die im Boden enthaltenen Salze ausgewaschen wurden. An der Terrassenabfolge kann man zeitlich gesehen das Einschneiden des Flusses und die Flussbettverlagerungen zum Beispiel um festes anstehendes Gestein herum nachvollziehen.

Die natürliche Aufschüttung von Uferdämmen ist ein aus den Hochwassern resultierender Prozess. Während des Hochwassers tritt der Fluss über seine Ufer und transportiert das mitgeführte Material noch ein Stück ins umgebende Land hinein. Dieses setzt sich ab, wenn die Transportkraft des Wassers nachlässt. Feines Material in größeren Entfernungen und grobes Material nahe dem eigentlichen Flussbett. Beim zurückfließen der übergetretenen Wassermassen erfolgt eine zusätzliche Kompaktion des wallartig angehäuften Materials, sodass sich beiderseits des Flusses natürliche Uferwälle (Dämme) bilden, die ins Umland hinein abfallen (STEWIG 1977:79).

5.2.3 Zweistromland und Vereinigung zu Schatt-el-Arab

Das auch als Euphrat- Tigris- Stromoase bezeichnete Gebiet des mesopotamischen Tieflandes gilt als sehr fruchtbar durch die nährstoffreichen Einträge der Schwemmsedimente. Der Mesopotamische Trog ist in verschiedene geologisch deutlich zu trennende Abschnitte eingeteilt.

Einer davon ist das Gebiet Obermesopotamiens (Dschesirah), welches Euphrat und Tigris bis in die Breite von Bagdad hin umspannen, das sich auf einer flachen mesozoischen Gipsformation erstreckt. Beide Flüsse durchqueren dieses trockene wüstenartige Gebiet ohne zu versiegen. Die anderen kleinen Flüsse trocknen im Sommer komplett aus oder versickern in Salzsümpfen.

Das darauf folgende Gebiet ist Untermesopotamien im Irak. Hier fließen die Flüsse langsamer und es überwiegt die Aufschüttungsaktivität, die zu einem verästeltem Flussnetz (braided river) führt. Das Flussgerinne muss sich in seinem eigens aufgeschütteten Material neue Abflusswege suchen. Zudem liegt das Flussniveau hier fast immer höher als das umgebende Land. Dies hat zur Folge, dass sich das Wasser bei Überschwemmung nur selten wieder ins Flussbett zurückziehen kann und somit lange in tiefgelegenen Senken stehen bleibt, wo sich Sümpfe ausbilden. Im Sommer trocknen diese oft aus und lassen stark versalzte Flächen durch Evaporation übrig.

Der sich daran anschließende Küstenbereich ist ein großes Delta, welches von den beiden nun zum Schatt- el- Arab vereinigten Flüsse Euphrat und Tigris gebildet wurde. Zusätzlich wird der Karun Fluss eingeleitet. Eine Besonderheit ist hier, dass die tägliche Flut das Flusswasser landeinwärts staut und große feuchte Gebiete entstehen lässt, die teilweise als Ackerland genutzt werden. Bei Ebbe fließt das Wasser in den Persischen Golf und lagert das mit geschwemmte Material in dem großen Deltabereich ab. Dieser vergrößert sich zunehmend und reicht weit ins Meer hinein, weshalb der Persische Golf auch über viele Kilometer sehr flach ist und nur über die Straße von Oman beschifft werden kann (BOESCH 1960:22).

Da beide Ströme aus dem nördlich gelegenen Gebirgsland kommen, führen sie kaltes Wasser in das aride Gebiet Mesopotamiens. Die Schneeschmelze in den Einzugsgebieten bringt verbunden mit den verstärkten Niederschlägen im März bis April im Gebiet des fruchtbaren Halbmondes eine relativ kurze, aber intensive Hochflutzeit. Die Wassermengen haben dann eine hohe Transportkraft im Bereich von Obermesopotamien, da die Quellgebiete noch nicht weit entfernt sind. Weiter Stromabwärts wird weniger Geröll und dafür mehr Schwemmmaterial abgelagert. In der übrigen Zeit des Jahres verringert sich die Abflussmenge beträchtlich. Bei Bagdad wurde die größte Differenz zwischen minimaler und maximaler Abflussmenge des Tigris mit 13.000:158 m^3/s gemessen, was einem Verhältnis von 82,3:1 entspricht. Aus diesem Grund müssen die Bewässerungsanlagen, die direkt vom Fluss abgezweigt werden für einen Wechsel von Hoch- und Niedrigwasser tauglich sein. Doch zumeist erfolgt die Wasserentnahme aus den Stausee (STEWIG 1977:77). Die schwankende Wasserführung folgt also der Niederschlagskurve und erzeugt im Winter bis Frühjahr einen maximalen Wasserstand und im Sommer bis Herbst einen minimalen. Kleine Flüsse trocknen im Sommer aus oder versiegen nur oberflächlich und fließen als Grundwasserstrom weiter. Außerdem treten kurzfristige Schwankungen durch episodische Starkregen auf, bei der die enormen Niederschlagsmengen in kurzer Zeit fallen und die spärliche Vegetationsdecke und der oberflächlich trockenen Boden die Hochwasser sehr schnell herbei führen und auch rasch wieder abklingen lassen.

5.3 klimatische Abhängigkeit

Der klimatische Einfluss auf die Hydrologie ist im Gebiet des Fruchtbaren Halbmondes durch höhere Niederschläge im Winter bis Frühjahr und der Trockenheit in der Euphratsenke groß. Das Grundwasser ist nach der DIN 4049 der Teil des Wassers, der die Hohlräume der Erdrinde zusammenhängend auffüllt und nur dem hydrostatischen Druck unterliegt (BOESCH 1960:64). Im Untersuchungsgebiet gibt es zudem das Karstwasser, welches in den typischen

Hohlformen abläuft oder sich sammelt. Das Grundwasservorkommen in der Schichtstufenlandschaft kennzeichnet sich mit verschieden gelagerten wasserführenden durchlässigen und wasserundurchlässigen Schichten. In den tieferen Gesteinsschichten nördlich von Mardin im syrischen Gebiet des Fruchtbaren Halbmondes dient der anstehende Eozänkalk als wichtiges Reservoirspeichergestein, da er durch die starke Klüftung optimale Eigenschaften aufweist. Er taucht aus 1000 m ü. NN südlich in die Euphratsenke ab, wo er schließlich von der miozänen Gipsformation überdeckt wird.

- Grundwasser- und Quellhorizonte in Schuttfächern der aus Gebirgen austretenden Flüssen
- Quellwasserhaltige Schwemmfächer
- Quellwasser aus Karstgebieten

Ein wichtiger Faktor für das Wasser stellt zudem noch dar, ob das Quell- und Grundwasser rezent (aus heutiger Zeit, kann sich also erneuern) oder fossil ist (zur Neige gehender Restbestand, Wasserlinse, aus geologische früheren feuchten Schichten). Im Untersuchungsgebiet ist es hauptsächlich rezent, da ein Gefälle des Grundwasserspiegels nachgewiesen werden konnte, welches bei geologischen Restwasserbeständen nicht vorhanden sein kann, da sich der Grundwasserspiegel auf einer festen Ebene einregelt. Die Jahresniederschläge in ariden Gebieten sind zwar nur gering, die gelegentlichen Starkregen füllen den Wasserstand jedoch zeitweilig auf (STEWIG 1977:77).

In dem ariden Durchflussgebiet von Jordan, Euphrat und Tigris kommt es oft vor, dass in den Schotterbetten der kleineren im Sommer oberflächlich trocken gefallenen Flüssen noch Grundwasser vorzufinden ist. Unter bestimmten Umständen wird nämlich der Trockenwetterabfluss der Flüsse aus dem Grundwasser gespeist und umgekehrt. Wichtig ist dabei, in welcher Form der Grundwasserleiter mit dem Flusswasser in hydraulischer Verbindung steht. So hat zum Beispiel das Grundwasser eine zeitlich gegen das Flusshochwasser verschobene Wasserstandsganglinie und sein Hochstand wird dem Flusswasser bei Trockenheit zugefügt (BOESCH 1960:76).

Trotz höherer Niederschlagsmengen kann man jedoch nicht von Wasserüberschuss sprechen, da die Verdunstungsrate von November bis Dezember noch sehr hoch ist. Erst im Januar gibt sich dieser Faktor und die Wasserspeicher füllen sich relativ gut. In dieser Zeit kann man annähernd von einem Wasserüberschuss reden. Jedoch übersteigt bereits im März der Verdunstungswert den Niederschlagswert und von Mai bis Oktober herrscht ein starkes Wasserdefizit. Das Ausbleiben oder Verschieben der Frühjahrs- und Herbstniederschläge kann schwere Folgen für die Landwirtschaft haben (BOESCH 1960:58).

Das Abflussregime der beiden Flüsse weißt weiterhin Unterschiede entsprechend des Untergrundmaterials auf. In den Kalkgebieten sickert das Wasser schnell in Tiefe und läuft in unterirdischen Höhlensystemen, die zum Teil als Retentionsbecken dienen, ab.

Niederschlags bedingte Schwankungen des Flusswasserstandes gleichen sich gut bis weit in trockene Jahreszeit hin aus und somit ist die Wasserführung der Flüsse größtenteils ganzjährig gesichert.

Jenseits der Berge, im Inneren von Syrien und Nordarabien, herrschen extreme Schwankungen vor, bei denen die Hauptzuflüsse fast ganzjährig oberflächlich trockenfallen. Dennoch ist oft Grundwasser in den Schottern der Talrinne zu finden. Eine weitere Besonderheit stellen die im Winter vereinzelten, heftigen Niederschläge dar, welche die plötzliche (Hoch)Wasserführung der Trockenflüsse und Wadis mit sich führen. Daraus ergibt sich auch eine große Gefahr durch die enorme Kraft der heran rauschenden Wassermassen. Hydrologisch ferner von Bedeutung ist, dass im Winter der Niederschlag in den höheren Lagen oft als Schnee fällt und die Kämme des Hermon (Quellregion von Jordan, Euphrat und Tigris) teilweise bis in den Frühsommer schneebedeckt bleiben, die ihm entspringenden Flüsse werden lange Zeit von den Schmelzwässern gespeist (BOESCH 1960:30).

Hier setzt nun die Bedeutung der beiden großen Ströme ein, die mit ihren relativ sicheren Wassermassen die Grundlage der Sesshaftigkeit in Mesopotamien mit sich brachten.

5.4 Bedeutung für die Menschen

Das von Euphrat und Tigris umspannte Gebiet Mesopotamiens ist seit dem Neolithikum nachweisbar von Menschen mehr oder weniger dauerhaft besiedelt und genutzt worden. Das lebensnotwendige Wasser war genügend vorhanden und der Boden fruchtbar und weit.

Exkurs Bewässerungswirtschaft im Zweistromland

Euphrat und Tigris entspringen beide dem anatolisch- kurdischen Randgebirge und haben ihre recht stabile Wasserführung dem humiden bis semiariden Klima ihrer Quellregion zu verdanken. Als Fremdlingsflüsse weisen sie bereits durch den Winterregen im Einzugsgebiet ein leichtes Anschwellen des Wasserstandes auf. Das eigentliche Hochwasser tritt dann im Frühjahr durch die Schneeschmelze ein. Die kontinuierliche Wasserführung ist von existenzieller Bedeutung für die Sesshaftigkeit der Menschen. In solch einem Fall muss der gewählte Standort möglichst ganzjährig gute Bedingungen für Ackerbau und Viehzucht ermöglichen. Die ersten im Mesopotamischen Tiefland nachgewiesenen Menschen waren um 10.000 bis 7.000 v. Chr. primitiven Feldbau treibende Jäger und Sammler. Von der Neolithischen Zeit über die Bronzezeit bis zur Historischen Zeit wurden immer wieder Spuren von menschlichen Ackerbautätigkeiten in diesem Gebiet anhand von Überresten einfacher Bewässerungseinrichtungen gefunden. Die zum Teil fest sesshaften Menschen nutzten also seit der postpluvialen, klimaoptimalen neolithischen Phase die günstigen Bedingungen des Zweistromlandes. Anscheinend sind die Existenzbedingungen jedoch durch eine postneolithische Verschlechterung der Umweltbedingungen unwirtlich geworden und viele bereits sesshaft gewordene Sippen mussten wieder nomadisch leben, was bedeutet, dass sie dem Wasser hinterher ziehen mussten (STEWIG 1977:95). Jedoch sind zeitäquivalent spezialisierte Anbau- und Bewässerungsmethoden im Zweistromland gefunden wurden. Die Pluvialzeit ist äquivalent zur letzten Mitteleuropäischen Eiszeit, bei der sich die Klimaschwankungen im Nahen Osten jedoch nicht so dramatisch verändert haben konnten, wie aus dem Wechsel der Lebensformen geschlossen wird. Die Klima- und Vegetationszonen haben sich zwar ein Stück weit südlicher verschoben, haben aber das Klima nur entsprechend der Feuchtigkeitsverhältnisse verändert. Dies hat für die Besiedlung des Gebietes eindeutig eine Verschiebung der Hauptbewirtschaftungsformen nach sich gezogen. Der Einfluss der Klimaschwankungen speziell des Faktors Niederschlag auf die Frühphase menschlicher Kulturentwicklung im Zweistromland ist demnach schon immer von entscheidender Rolle gewesen. Ab 4.000 v. Chr. ist die Sesshaftigkeit durch Tempelstädte und darum liegenden bäuerlichen Siedlungen und Bewirtschaftungsflächen in den weitverzweigten Flussarmen eindeutig nachgewiesen. (BOESCH1960:37)

Bei jeder Form der Bewässerungswirtschaft sind die hydrogeographischen Verhältnisse die wichtigste natürliche Voraussetzung. Aus diesem Grund muss man die verschiedenen Formen einzeln betrachten und in Beziehung mit den umgebenden Geofaktoren setzen. So kann man zum Beispiel die Methoden und den Ablauf der ägyptischen Bewässerung am Nil nicht mit der im jetzigen Irak gleichsetzen.

Die Ursache für diese speziell in Mesopotamien angewandten Ablauf und Methoden liegt wie schon angesprochen im regional spezifischen geologischem Bau, den klimatischen Besonderheiten und der Topographie. Die großen wasserreichen Flüsse verzweigen sich in viele Arme, die sich entweder wieder zu einem großen Strom vereinigen, in weitläufigen Verästelungen durch die fruchtbare Ebene aus ihren Auensedimenten verlaufen oder in Salzsümpfen versiegen. Das Kulturland nimmt relational gesehen nur wenig Fläche zwischen den verzweigten Flussarmen oder direkt an den Flanken des auf höherem Niveau fließenden vereinigten Schatt- el- Arab Stromes ein. Die Nähe zum Fluss wird für kurze Wege der Bewässerungskanäle genutzt. Diese werden jedoch regelmäßig von der im Wasser mitgeführten Schweb- und Schwemmfracht verstopft und das Wasser sucht sich besonders bei Hochwasser immer neue Wege. Das ineinander verwobene System aus Bewässerungsflächen, Rinnen und den wasserführenden Armen der Flüsse ist im labilen Zustand ständigen Veränderungen unterworfen. Zu große Wassermengen zerstören oft das Rinnensystem und somit wurden die Methoden und Anlagen immer mehr in Richtung Hochwasserschutz ausgebaut. Die technischen Hauptprobleme stellen zum einen eben die Verhinderung des zerstörerischen Eindringens der Hochfluten in das Verteilungssystem dar und zum anderen die Gewährleisung einer kontinuierlichen Wasserführung in den Kanälen und Feldrinnen. Ein Gesamtblick auf alle seit der Frühzeit nachgewiesenen

Bewässerungskanäle lässt ein mosaikartiges Bild über lange Zeiträume entstehen, bei dem das gesamte mesopotamische Tiefland fast an jeder Stelle bewässert und besiedelt wurde. Immer den ständig wechselnden Verästelungen der Flussarme folgend. Die Anlage der Bewässerungsrinnen ging immer von dem Hauptwasserkanal wegwärts in vielen kleinen Gräben zu den Feldern hin, die kontinuierlich mit Wasser versorgt wurden. Um eine Versalzung der Böden zu verhindern gab es zusätzlich noch ein Entwässerungskanalsystem. Diese Methode der Bewässerungswirtschaft nennt man flow irrigation. Bei drastischer Wasserknappheit wurde das Grundwasser zur Bewässerung mit genutzt, welches durch Pumpen heraufbefördert wurde.

Solche Pumpanlagen kann man auch in unterschiedlichsten Formen am mittleren Euphrat finden, wo sich das Flussbett zunehmend eingetieft hat und das Wasser auf die höher gelegenen Felder der Alluvialebene befördert werden musste.

Die Bestellung der bewässerten Böden ist hingegen in vielen ariden Regionen ähnlich. Es ist ein Nebeneinander und etagenförmiges Übereinader verschiedener Kulturpflanzen zu finden. So stehen zum Beispiel unter hohen schattenspendenden Dattelpalmen Getreidesorten wie Weizen und Gerste, sowie Gemüse und Obst.

Eine Besonderheit gibt es jedoch in der Mündungsebene des Schatt- el- Arab, wo die Bewässerung durch die Flutbedingte landeinwärts drückenden Wassermassen weit ins Landesinnere betrieben wird. Dort wird das zum Teil salzhaltige Wasser gezeitenabhängig in die weit landeinwärts gelegenen Bewässerungskanäle gedrückt (tidal irrigation) und man baut dort auf der größten zusammenhängenden Fläche der Welt Dattelpalmen an. (BOESCH 1960:60)

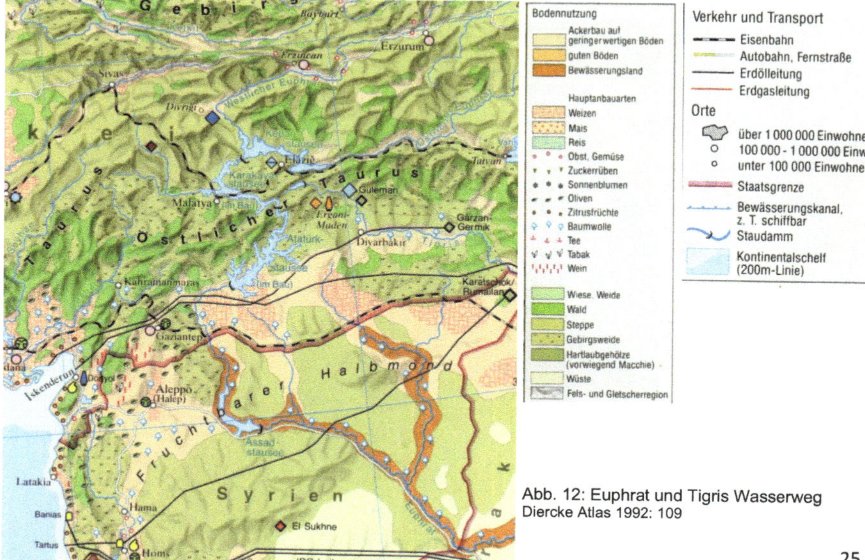

Abb. 12: Euphrat und Tigris Wasserweg
Diercke Atlas 1992: 109

Der Hochwasserschutz spielt in einem solch besiedelten Gebiet eine besondere Rolle. Die Zwischenspeicherung von Wasser im Ober- oder Mittellauf eins Flusses ist die effektivste Weise eine einsetzende Hochwasserwelle abzuflachen oder zeitlich in die Länge zu ziehen.

Beim Eintritt beider Ströme ins Mesopotamische Tiefland liegt der Euphrat etwas höher als der Tigris, deshalb wurden um die Neigung und die sich daraus ergebenden Fließkräfte zu nutzen, viele linkseitig nacheinander vom Euphrat abgehende und in östlicher Richtung gegen den Tigris zu laufende Kanäle gebaut. Als Folgemaßnahmen der Flutkatastrophe 1954, bei der Bagdad mit seinen 800.000 Einwohnern fast vollständig von der Umwelt abgeschnitten war, wurden folgende drei Großprojekte umgesetzt. Als Prävention wurden weit oberhalb liegende Staudämme am Euphratflusslauf gebaut, um die ankommenden Wassermassen frühzeitig abzufangen, dazu Kontrollwehr bei Ramadi, leitet ansteigende Hochflut in großen Depressionen hinein (Habbaniya See bei Ramadi) in diesem Entlastungsbecken gesammeltes Wasser bei sommerlichem Niedrigwasser teilweise wieder in Euphrat geleitet.

Am Tigris wurden direkt die Dammbauten beidseitig erhöht, sowie ein Verteilwehr bei Kut geschaffen, an dem der Strom in seine beiden Hauptarme geteilt wird (BOESCH 1960:158). Weiterhin sind im Gebirgsvorland einige Verteilerdämme geschaffen wurden und etliche Staudämme an seinen Nebenflüssen (kleiner Zab, Adhaim, Diyala) bei denen die Funktion des Wasserspeicherns mit der Erzeugung von Elektrizität gekoppelt wurde.

Literatur

BOESCH, H. (1960): Der Mittlere Osten, Bern.

BAUMANN, R. ET AL (2000): der Brockhaus von A – Z, in drei Bänden.- Leipzig/ Mannheim.

HERRMANN, R. (1977): Einführung in die Hydrologie, Stuttgart.

LOHMANN, D. (2002): Totes Meer, vom Salzsee zum Sandsee?-
Artikel-URL:http://www.scinexx.de/dossier-101-1.html (20.05.08)

MÜLLER, T. (1999): Wörterbuch und Lexikon der Hydrogeologie, Berlin/ Heidelberg.

STEWIG, R. (1977): Der Orient als Geoökosystem, Schriften des Deutschen Orient Instituts.-
Opladen.

STRAHLER, A. H., STRAHLER, A. N. (2005): Physische Geographie, 3. Aufl. Stuttgart.

ZAUN, H. (2002): Quo vadis, Totes Meer?- Telepolis.
Artikel-URL: http://www.heise.de/tp/r4/artikel/12/12678/1.html (20.05.08)

OSSING, F. (2003): Schmale tektonische Naht im Jordan Tal, Pressemitteilung GFZ Potsdam.
Artikel-URL:http://www.gfz-potsdam.de/news/PDFs/PM-GFZ-20031001-schmaleTektonischeNahtImJordanTal.pdf
(25.05.08)

www.haGalil.com jüdische Vereinigung (10.05.08)

http://www.innovations-report.de/html/berichte/geowissenschaften/bericht-22123.html
(15.05.08)

Israel Ministry of Foreign Affairs
http://www.mfa.gov.il/MFADE/Facts%20About%20Israel/LAND%20UND%20LEUTE-
%20Topographie%20und%20Klima (16.05.08)

Atlanten

ALTEMÜLLER, F. ET AL (1996): Alexander Pro, Gotha.

ZAHN, U. (Hrsg.) (1992): Diercke Weltatlas, 3. Aufl.: Braunschweig.